¿Qué hacen los juguetes?

Dona Herweck Rice

Smithsonian

Algunos juguetes ruedan.

Algunos juguetes giran.

Algunos juguetes saltan.

Algunos juguetes se doblan.

Algunos juguetes caminan.

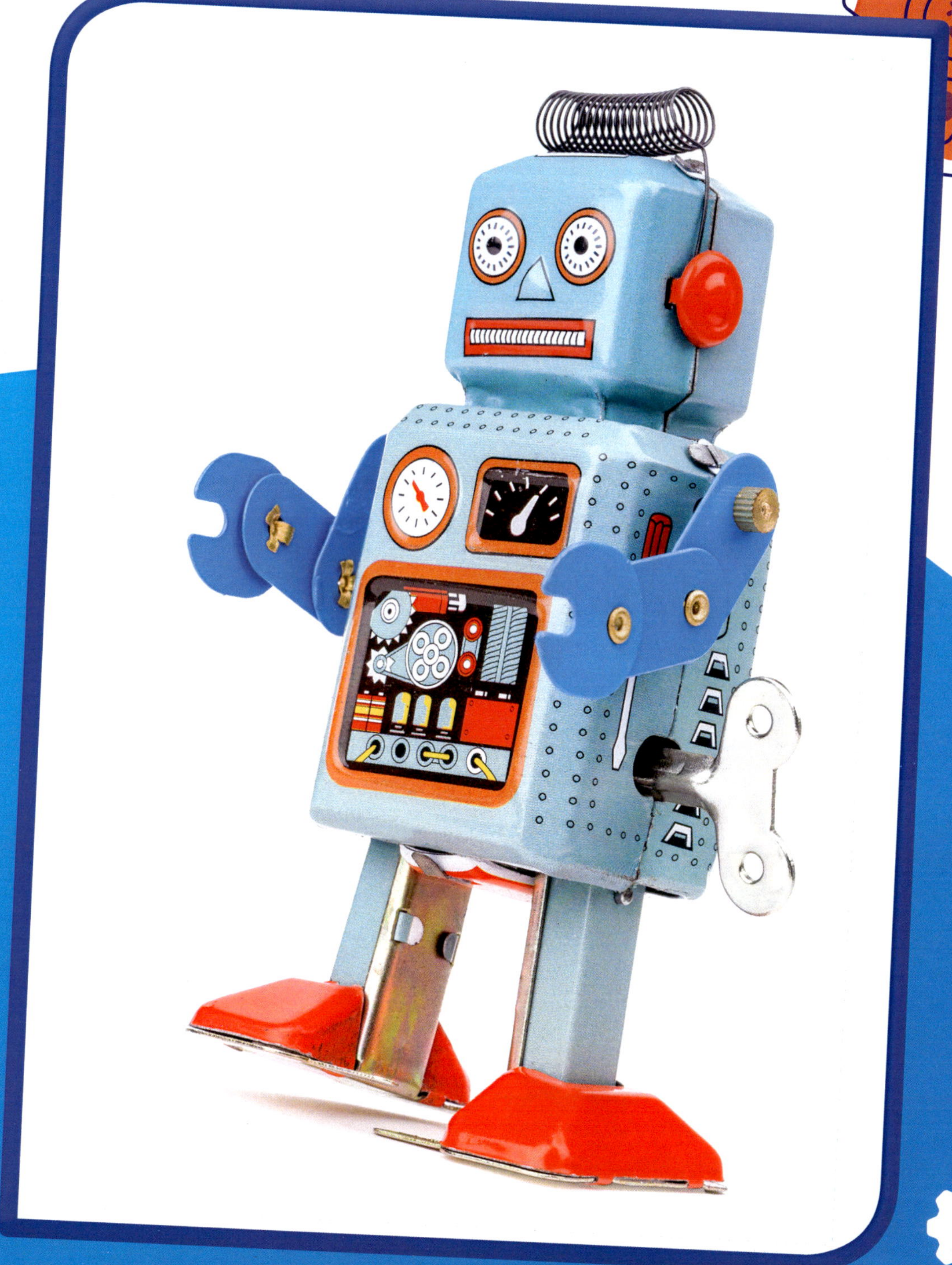

Algunos juguetes
se apilan.

Algunos juguetes son para colorear.

¡Todos los juguetes son muy divertidos!

DESAFÍO DE CTIAM

El problema

Hay una nueva juguetería en la ciudad. Necesitan un juguete nuevo y fantástico para vender.

Los objetivos

- Haz un juguete nuevo.
- Puedes hacer tu juguete con cualquier material.
- El juguete debe ser divertido. No debe romperse.

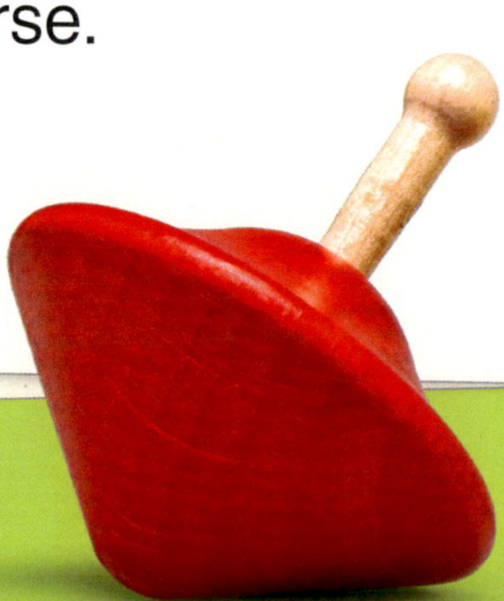

1 Investiga y piensa ideas

Aprende sobre los juguetes.

2 Diseña y construye

Dibuja tu plan. ¡Construye tu juguete!

3 Prueba y mejora

Pide a un amigo que juegue con tu juguete. Luego, trata de mejorar tu juguete.

4 Reflexiona y comparte

¿Qué aprendiste?

Asesoras

Amy Zoque
Coordinadora y asesora didáctica de CTIM
Escuela Vineyard de CTIM
Distrito Ontario Montclair

Siobhan Simmons
Escuela primaria Marblehead
Distrito Escolar Unificado Capistrano

Créditos de publicación

Rachelle Cracchiolo, M.S.Ed., *Editora comercial*
Conni Medina, M.A.Ed., *Redactora jefa*
Diana Kenney, M.A.Ed., NBCT, *Realizadora de la serie*
Emily R. Smith, M.A.Ed., *Directora de contenido*
Véronique Bos, *Directora creativa*
Robin Erickson, *Directora de arte*
Stephanie Bernard, *Editora asociada*
Caroline Gasca, M.S.Ed., *Editora superior*
Mindy Duits, *Diseñadora gráfica superior*
Walter Mladina, *Investigador de fotografía*
Smithsonian Science Education Center

Créditos de imágenes: todas las imágenes cortesía de iStock y/o Shutterstock.

Library of Congress Cataloging-in-Publication Data

Names: Rice, Dona, author. | Smithsonian Institution.
Title: ¿Qué hacen los juguetes? / Dona Herweck Rice.
Other titles: What toys can do. Spanish
Description: Huntington Beach, CA : Teacher Created Materials, 2020. | Audience: Pre-school, excluding K. | Audience: Grades K-1
Identifiers: LCCN 2019041229 (print) | LCCN 2019041230 (ebook) | ISBN 9780743925440 (paperback) | ISBN 9780743925594 (ebook)
Subjects: LCSH: Toys--Juvenile literature.
Classification: LCC TS2301.T7 R5318 2019 (print) | LCC TS2301.T7 (ebook) | DDC 688.7/2--dc23
LC record available at https://lccn.loc.gov/2019041229
LC ebook record available at https://lccn.loc.gov/2019041230

Smithsonian

Teacher Created Materials

5301 Oceanus Drive
Huntington Beach, CA 92649-1030
www.tcmpub.com
ISBN 978-0-7439-2544-0